优秀技术工人
百工百法丛书

余姝工作法

高陆峡谷区地质灾害调勘查

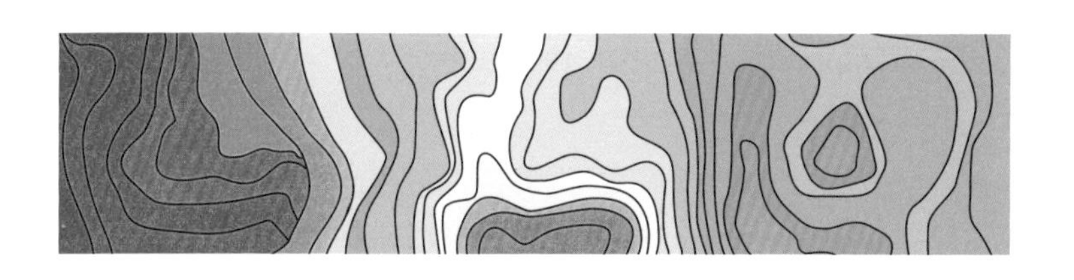

中华全国总工会 组织编写

余 姝 著

中国工人出版社

技术工人队伍是支撑中国制造、中国创造的重要力量。我国工人阶级和广大劳动群众要大力弘扬劳模精神、劳动精神、工匠精神，适应当今世界科技革命和产业变革的需要，勤学苦练、深入钻研，勇于创新、敢为人先，不断提高技术技能水平，为推动高质量发展、实施制造强国战略、全面建设社会主义现代化国家贡献智慧和力量。

——习近平致首届大国工匠创新交流大会的贺信

优秀技术工人百工百法丛书

编委会

优秀技术工人百工百法丛书

能源化学地质卷

编委会

序

党的二十大擘画了全面建设社会主义现代化国家、全面推进中华民族伟大复兴的宏伟蓝图。要把宏伟蓝图变成美好现实，根本上要靠包括工人阶级在内的全体人民的劳动、创造、奉献，高质量发展更离不开一支高素质的技术工人队伍。

党中央高度重视弘扬工匠精神和培养大国工匠。习近平总书记专门致信祝贺首届大国工匠创新交流大会，特别强调“技术工人队伍是支撑中国制造、中国创造的重要力量”，要求工人阶级和广大劳动群众要“适应当今世界科技革命和产业变革的需要，勤学苦练、深入钻研，勇于创新、敢为人先，不断提高技术技能水平”。这些亲切关怀和殷殷厚望，激励鼓舞着亿万职工群众弘扬劳模精神、劳动精神、工匠精神，奋进新征程、建功新时代。

近年来，全国各级工会认真学习贯彻习近平总书记关于工人阶级和工会工作的重要论述，特别是关于产业工人队伍建设改革的重要指示和致首届大国工匠创新交流大会贺信的精神，进一步加大工匠技能人才的培养选树力度，叫响做实大国工匠品牌，不断提高广大职工的技术技能水平。以大国工匠为代表的一大批杰出技术工人，聚焦重大战略、重大工程、重大项目、重点产业，通过生产实践和技术创新活动，总结出先进的技能技法，产生了巨大的经济效益和社会效益。

深化群众性技术创新活动，开展先进操作

法总结、命名和推广，是《新时期产业工人队伍建设改革方案》的主要举措。为落实全国总工会党组书记处的指示和要求，中国工人出版社和各全国产业工会、地方工会合作，精心推出“优秀技术工人百工百法丛书”，在全国范围内总结100种以工匠命名的解决生产一线现场问题的先进工作法，同时运用现代信息技术手段，同步生产视频课程、线上题库、工匠专区、元宇宙工匠创新工作室等数字知识产品。这是尊重技术工人首创精神的重要体现，是工会提高职工技能素质和创新能力的有力做法，必将带动各级工会先进操作法总结、命名和推广工作形成热潮。

此次入选“优秀技术工人百工百法丛书”作者群体的工匠人才，都是全国各行各业的杰出技术工人代表。他们总结自己的技能、技法和创新方法，著书立说、宣传推广，能让更多人看到技术工人创造的经济社会价值，带动更多产业工人积极提高自身技术技能水平，更好地助力高质量发展。中小微企业对工匠人才的孵化培育能力要弱于大型企业，对技术技能的渴求更为迫切。优秀技术工人工作法的出版，以及相关数字衍生知识服务产品的推广，将对中小微企业的技术进步与快速发展起到推动作用。

当前，产业转型正日趋加快，广大职工对于技术技能水平提升的需求日益迫切。为职工群众创造更多学习最新技术技能的机会和条件，传播普及高效解决生产一线现场问题的工法、技法和创新方法，充分发挥工匠人才的“传帮带”作用，工会组织责无旁贷。希望各地工会能够总结命名推广更多大国工匠和优秀技术工人的先进工作法，培养更多适应经济结构优化和产业转型升级需求的高技能人才，为加快建设一支知识型、技术型、创新型劳动者大军发挥重要作用。

中华全国总工会兼职副主席、大国工匠

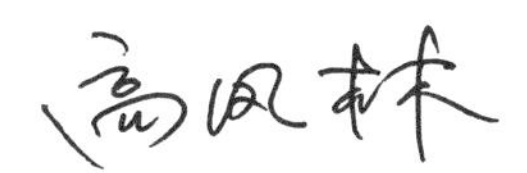

作者简介
About The Author

余姝

1981 年出生，重庆市二零八地质环境研究院有限公司总工程师，岩土工程专业正高级工程师。获得“全国能源化学地质系统‘身边的大国工匠’”“全国青年岗位能手”“重庆市青年岗位能手”“重庆市青年巴渝工匠”“中国地质学会野外青年地质贡献奖——金罗盘奖”等荣誉。

她自参加工作以来，坚定政治理想信念，遵

循地质工作特点，坚守野外工作一线，先后主持和参与了三峡库区及重庆市多项大型地质灾害防治项目。2014 年“8·31”渝东北地区极端强降雨导致巫山县多个乡镇发生地质灾害，她带领工作组在一线连续奋战十几天，保护了 200 余名人民群众的生命安全。2020 年 6 月綦江区遭受持续暴雨影响，多个乡镇发生滑坡等地质灾害，她带领工作组开展地质灾害调查，提出应急措施，保护了人民群众的生命安全，避免了近千万元的经济损失。

她专注于地质科学研究，先后主持、参与了《地质灾害防治问与答》等科研项目 10 余项，参与了《崩塌防治工程勘查规范》等规范的编写，获授权专利 5 项。为促进地质灾害防治、水工环地质技术研究等地质事业快速发展作出杰出贡献。

工/匠/寄/语

每一条工作经验都要靠自己脚踏实地干出来，

去发现、去总结、去突破！

余娇

目　　录
Contents

引 言
Introduction

地质灾害，是自然界中常见的一类灾害现象，对人类生命财产安全构成了严重威胁。在高陡峡谷区，由于地形复杂、气候多变，地质灾害的发生频率更高，破坏性更为显著。因此，对高陡峡谷区地质灾害进行调勘查，掌握其发生规律和影响因素，对于预防和减轻地质灾害损失具有重要意义。

随着科技的进步和调勘查技术的不断发展，人们已经拥有了一系列先进的手段和方法来应对高陡峡谷区的地质灾害。然而，这些技术的应用和普及仍然面临诸多挑战。一方面，高陡峡谷区的特殊地形和气候条件使调勘查工作难度加大，需要更高的技术水平和更丰富的实践经验；另一方面，地质灾害的复杂性和不确定性也给调勘查工作带来了很大的挑战。

本书围绕工程测量与地质测绘、工程勘探、原位测试与室内试验和调勘查辅助技术四个部分展开，重点介绍了近年来作者团队在高陡峡谷区地质灾害调勘查中使用的新方法、手段及其实践应用效果。

在编写过程中，作者力求做到内容全面、重点突出、实例丰富，具有实际应用价值。希望本书的出版能够为高陡峡谷区地质灾害调勘查工作提供有益的参考和借鉴，为推动地质灾害防治事业的发展贡献一份力量。

第一讲

工程测量与地质测绘

工程测量与地质测绘是地质灾害调勘查不可或缺的重要技术手段，它们为地质灾害的监测预警与防治提供了关键的数据支持。在高陡峡谷区开展工程测量与地质测绘时会用到一些简易的裂缝量测方法，在实践过程中，作者团队创新性地发明了地质灾害裂缝简易贴片监测装置。同时，将无人机倾斜摄影测绘、测窗摄影测量以及基于多源摄影测绘技术的地质建模等前沿技术与方法，在高陡峡谷区开展了实际应用，并探讨了新技术方法的应用效果。

一、地质灾害裂缝简易贴片监测装置

1. 问题描述

在当前地质灾害调勘查及监测工作中，通常会采用简易的装置对灾害中的裂缝进行测量，如贴纸片、打钢钉测距、拉线测距等方式，但这些简易监测方式具有诸多弊端：（1）不直观。打钢钉测距、拉线测距等方式需定期用尺子测量并进行记录，过程烦琐；（2）易损。贴纸片、拉线测距等方式由于材料材质差，极易损坏，在高陡峡谷区天气多变的环境下使用时间极短；（3）精度低，数据质量得不到保证。

2. 解决方法

为此，专门设计了一种成本低、使用方便、满足精度要求、直观耐用的简易贴片监测装置，见图1。该贴片包括长条形的指示板和“L”形的刻度板，两者均采用防锈金属板或合金板材制成，且指示板与刻度板正好能拼合成一个长方形。指示板的前端竖向设置有指示色条，刻度板的水平段沿上边缘设置有刻度线，且刻度线的起点正对水平段的根部，指示板、刻度板上预设有钉孔或背面预置强力胶。指示板和刻度板分别固定于裂缝两侧，记录初始裂缝宽度。当裂缝宽度增大时，监测贴片的对应数值增大，可有效测量裂缝宽度在一定时间的变化。

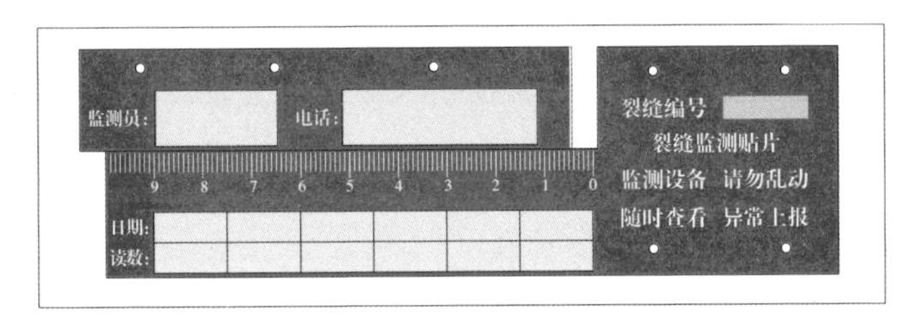

图 1　裂缝简易贴片监测装置结构图

3. 应用效果

指示板和刻度板分别固定于裂缝两侧，可根据裂缝情况选择强力胶或钢钉进行固定，见图 2，具有结构简单、直观易用、安装方便、防水耐用、价格低廉、精度高的特点，可用于替代现有的简易裂缝监测工具，弥补当前裂缝测量监测工具精度低、易损坏、不直观、结构复杂的缺陷。目前已应用于多处地质灾害的裂缝监测，并进一步向地质灾害监测领域推广。

图2 裂缝简易贴片监测装置应用

二、无人机倾斜摄影测绘

1. 问题描述

峡谷区地质灾害通常位于地形陡峭区域，山高坡陡，植被茂密，调查人员开展地质调查需搭建临时便道或借助辅助措施才能到达。在三峡库区开展调查工作时，部分峡谷区坡度50°~70°，调查人员要借助绳降、攀爬等手段在高差近千米的区域开展调查工作。作业过程中，调查人员安全风险高、工作耗时长、成本高，而且调查过程中定位、测绘等的精度也无法保障。

2. 解决方法

在峡谷区应用无人机倾斜摄影技术开展地质灾害调查测绘工作，可得到高精度的三维模型。无接触式的数据采集方式降低了调查人员的安全风险，提高了调查测绘效率。同时建立的三维模型能直观地反映调查对象的形态特征，获取调查对象的空间位置信息，对峡谷区的危岩调查工作效果明显，主要工作方法如下。

（1）数据采集。使用无人机或其他飞行平台搭载倾斜摄影相机，对调查区域进行倾斜摄影数据采集。确保相机在同一飞行平台上搭载，同时从垂直、前视、左视、右视与后视 5 个不同的角度采集影像。

（2）数据预处理。对采集的倾斜摄影影像进行预处理，包括辐射校正、几何校正、图像增强等，提高数据质量。

（3）特征提取。对预处理后的影像进行特征提取，包括角点检测、边缘检测等，获取影像的特征点。

（4）空间匹配。将不同视角影像的特征点进行空间匹配，建立影像之间的对应关系。

（5）三维重建。对利用空间匹配得到的对应关系，采用立体摄影测量方法进行三维重建，生成调查区域的初步三维模型。

（6）纹理映射。将原始影像的颜色信息映射到三维模型上，使三维模型具有真实的纹理信息。

（7）模型优化。对初步三维模型进行优化，包括模型简化、去噪、边界修复等，提高三维模型的质量和实用性。

3. 应用效果

无人机倾斜摄影测绘在三峡库区重庆段危岩地质灾害调勘查工作中得到广泛应用。通过三维倾斜摄影直观展示危岩的形态特征，可圈定危岩潜在崩塌范围，获取崩塌方量等信息。以重庆市巫山县龙门寨危岩带（图3）为例，在倾斜摄影模型上，可直观圈定发育的危岩和破碎带范围。观察危岩的几何形态、空间组合特征、控制性结构面特征、基座特征及变形特征等，同时还可圈定估算危岩体积、破碎带体积，便于地质工程师分析危岩的发育特征及稳定性。

图 3 龙门寨危岩带三维倾斜摄影模型

三、水库消落区测窗摄影测量

1. 问题描述

消落区通常是指因水库调度运用导致库区临时性露出的陆地，是水域与陆地之间的过渡区域，每年遭受水库水位涨落影响，导致其地形地貌逐年变化，岩土体物理力学性质也逐渐改变。长期变化后可能导致消落区所在岸坡或斜坡产生灾变，形成地质灾害。消落区岩土体的变化是一个长期过程，目前对这方面的研究很多是基于室内试验或原位测试，岩土体变化的情况不能直观地显现出来，同时缺乏量化的监测数据。

2. 解决方法

测窗摄影测量通过在消落区设置固定大小的测窗来限制影像的覆盖范围，使测量更具有针对性，提高测量准确性，从而实现对特定区域长时序的精细测量，为研究岩体劣化提供可靠的数据基础。

测窗摄影测量通常选择在天气晴朗、光线充足的时间进行，以确保摄影测量的精度，主要包括以下几个步骤。

（1）设立测窗。测窗的设立应根据岸坡消落区的实际情况和测量需求来确定，要确保测窗能够覆盖需要测量的区域，并且便于进行后续的摄影和数据处理。

（2）摄影测量。使用专业的摄影设备对测窗进行拍摄，注意要保持摄影设备的稳定，确保照片的质量和清晰度。在拍摄过程中，可能需要从不同的角度和高度进行拍摄，以获取更全面的数据。

（3）图像处理。对拍摄的照片进行预处理，包括去除噪点、调整色彩平衡等，以提高照片的质量。

（4）特征提取。使用专业的摄影测量软件对照片进行处理和分析，提取出节理裂隙特征。

3. 应用效果

近年来，团队在三峡库区重庆段消落区建设了大量测窗，如图 4 所示。测窗采用 10cm 不锈钢圆盘，间距不大于 2.5m，用打钉方式固定于既定位置上，整体尺寸最小为 9.5m × 10.5m，最大为 43.4m × 23.2m。采用贴近摄影获取高清影像，测窗主要反映岩体劣化的裂隙扩展与新生、溶蚀 / 潜蚀和松动剥落情况，如图 5 所示。开展长期测窗摄影测量，为今后岩体劣化的长期监测提供了基础数据。

图 4　测窗建设

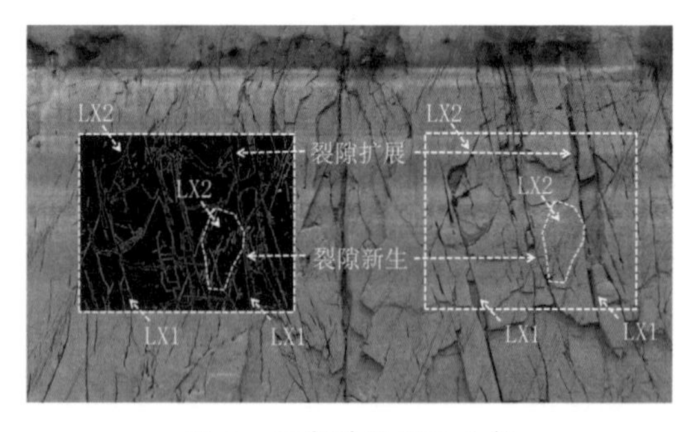

图 5　测窗裂缝提取分析

第二讲

工程勘探

工程勘探作为地质灾害调勘查的关键环节，对于了解地质结构、识别潜在隐患以及保障工程安全具有重要意义。本讲聚焦于综合物探法、孔内高清摄像、跨孔 CT 物探等技术手段在高陡峡谷区地质灾害调勘查的应用，并剖析其应用效果优势。

一、基于综合物探法的隐患特征识别

1. 问题描述

为了查明地质灾害发育的基本情况，调查手段中常用到工程钻探，但在地质条件复杂的高陡峡谷区域，施工场地狭窄、陡峭，部分峡谷区域岩壁直立，还要依靠搭设施工平台才能实施，导致出现钻探施工难度大、成本高、效率低等问题。因此，在这些区域需要采用施工便捷、探测范围较大的工作方法代替受限区域的钻探工作。

2. 解决方法

地球物理勘探方法（以下简称“物探法”）具

有非接触性、高效率、高灵敏度等特点，适用于大范围的、复杂地质环境下的探测任务。在隐患特征识别中，物探法可以帮助调查人员快速、较准确地识别出探测对象内部的特征，如裂缝、空洞、软弱层等，某种程度上可以替代钻探施工而达到相同的探测目的。基于综合物探法的隐患特征识别步骤如下。

（1）现场踏勘与资料收集。对探测区域进行详细的现场踏勘，了解地形地貌、地质构造、植被覆盖等基本情况。收集探测区域的地质、水文、气象等相关资料，为后续的物探工作提供基础数据。

（2）物探法选择与设备准备。根据探测对象的特点和探测需求，选择合适的物探法，如瞬变电磁法应用、探地雷达应用等。准备相应的物探设备，并进行设备检查和标定，确保设备性能良好。

（3）测线布置与数据采集。根据探测对象的分布范围和探测需求，合理布置测线，确保测线覆盖整个探测对象的区域。沿测线进行数据采集，记录物探数据。

（4）数据处理与解释。对采集到的物探数据进行预处理，包括滤波、去噪、增强等，提高数据质量。利用专业软件进行数据处理与解释，提取隐患的特征信息，如异常体位置、规模、形态等。

（5）隐患特征识别与结果分析。根据数据处理结果，初步识别隐患的特征，如裂缝、岩溶空洞等，与调查人员的地面调查成果结合进行综合分析，最终可为分析隐患的真实地质情况提供较为可靠的基础数据。

3. 应用效果

（1）瞬变电磁法应用。位于重庆市三峡库区巫峡段的板壁岩危岩裂隙极其发育，其中一组裂隙产状 340°~350° ∠ 82°~87°，最大贯通长度约 78.8m，张开度 6~65cm，裂面较弯曲，裂缝内溶蚀现象不强烈，最大卸荷宽度约 32.5m，为板壁岩危岩带主控裂隙。危岩所在岸坡裂缝发育程度较高，调查人员通过地面调查发现裂隙在岩体内部延伸程度较好，因此在危岩所在岸坡布设了瞬变电磁法物探测线，以便更加准确地查明岩体内裂隙的发育情况。根据地面调查及物探综合解译，危岩后侧控制性裂缝为第三道裂缝，其纵向贯通性好，切割深度为 60~90m，是目前危岩的后缘边界裂缝。该成果能够较好地反映出岸坡裂缝及破碎带水平向的发育情况，探测深度约 30m，反映了裂缝纵向发育、延伸情况，如图 6 所示。

（2）探地雷达应用。在三峡库区复杂地质环境中，探地雷达凭借其高分辨率和快速探测的能力，可以精确地揭示危岩的内部结构和地质异常。通过采集和处理雷达数据，可以识别出危岩

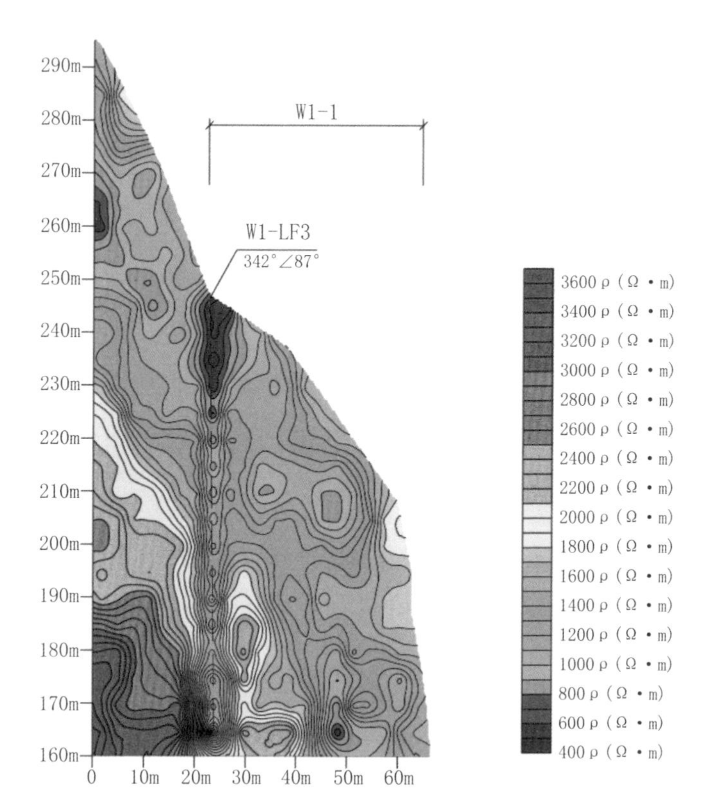

图 6　板壁岩危岩体瞬变电磁法测试成果

的层理、节理、裂隙等特征，以及潜在的滑动面、软弱带等不利因素。这些信息对于评估危岩的稳定性和制定治理方案至关重要。

探地雷达在重庆市巫山县箭穿洞、板壁岩、龙门寨等危岩勘查中屡次应用。以板壁岩勘查为例，在危岩带崖壁面 146m、156m、175m 高程各完成 1 条探地雷达测线，3 条探地雷达测线对板壁岩危岩带不同高程的基座区域进行探测，其中以 146m 高程处的探地雷达解译成果为例，如图 7 和图 8 所示。

运用该成果并结合调查人员开展的调查测绘成果发现，探地雷达在该危岩上下游边界测绘裂缝的发育厚度与江面调查测绘的厚度基本一致，低水位上下侧的探地雷达解译裂缝发育情况为边界裂缝在岩体内侧的切割延伸情况。上游侧裂缝贯通长度约 70m，裂缝从上游至下游切割厚度逐步变厚，为危岩的后缘控制裂缝，该裂缝从

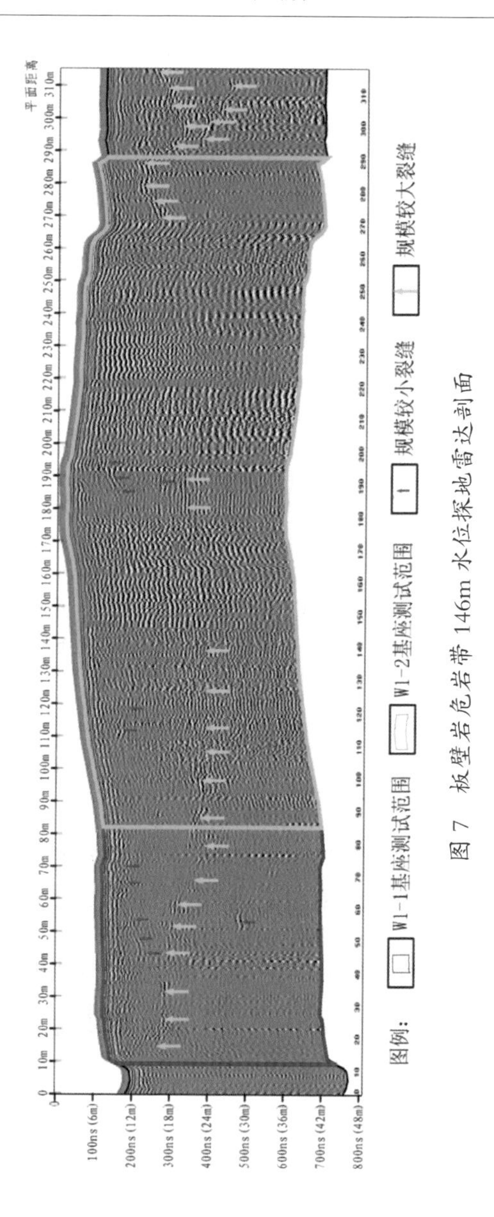

图7　板壁岩危岩带146m水位探地雷达剖面

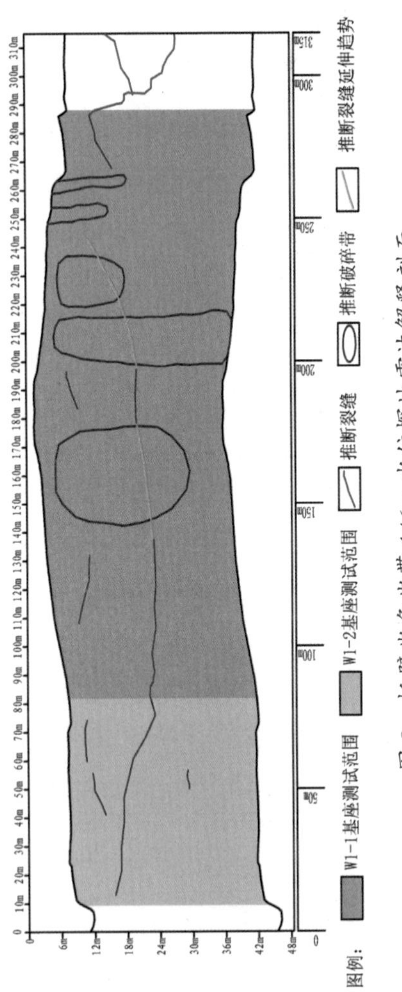

图 8　板壁岩危岩带 146m 水位探地雷达解释剖面

146~175m 段呈闭合发展。

此外，综合物探法还可以与其他勘探手段相结合，如地质钻探、岩石力学试验等，形成综合勘查体系，提高地质灾害勘查的准确性和可靠性。通过综合分析多种勘查数据，可以更全面地了解灾害体的地质特征和稳定性状况，为制定科学合理的治理方案提供有力支持。

二、基于孔内高清摄像技术的内部裂隙识别

1. 问题描述

岩体的内部裂隙是评估地质灾害稳定性和工程安全性的重要因素。这些裂隙不仅影响岩体的力学性质，还可能导致滑坡、崩塌等地质灾害。因此，准确识别和分析岩体内部裂隙对于地质灾害防治具有重要意义。传统的内部裂隙识别方法如钻孔取样、声波测试等，往往存在精度不高、成本较高、操作复杂等问题。这些方法的局限性

使得人们开始寻找更为高效、直观的内部裂隙识别技术。

2. 解决方法

随着高清摄像技术和图像处理技术的不断进步，孔内高清摄像技术逐渐应用于地质工程领域。该技术通过在钻孔中安装高清摄像设备，获取孔内岩体的高清图像。通过对这些图像进行后续处理和分析，可以识别出岩体的内部裂隙，并获取其形态、尺寸、分布等详细信息。其在内部裂隙识别中的应用主要有以下步骤。

（1）设备准备与安装。准备好孔内成像设备，包括摄像仪、线缆、主机等。将摄像仪连接到主机，并确保线缆连接稳定。然后，将摄像仪通过钻孔送入孔内，固定在合适的位置。

（2）成像采集。启动成像设备，开始采集孔内的图像数据。在采集过程中，需要确保摄像仪能够稳定地移动，以获取到全面的地质信息。

（3）数据传输与处理。将采集到的图像数据传输到主机进行初步处理。这可能包括图像的拼接、增强、滤波等操作，以提高图像的质量和可读性。

（4）数据分析与解释。对处理后的图像数据进行详细的分析和解释。根据图像中的裂隙、空隙等地质特征，判断孔内岩体的完整性。

3. 应用效果

以三峡库区板壁岩危岩为勘查对象，为进一步探明岩体内部地质情况，采用孔内高清摄像技术揭示岩体内部裂缝发育情况，如图 9 所示。钻孔深度在 1.3~1.9m、16.3~17.2m、42.5~44.7m 段有明显裂隙发育，33.4~36.2m 段孔内岩体较破碎，壁面粗糙，泥质成分较重，为裂缝破碎带发育区段，其余区段孔壁面较光滑，岩体较完整。

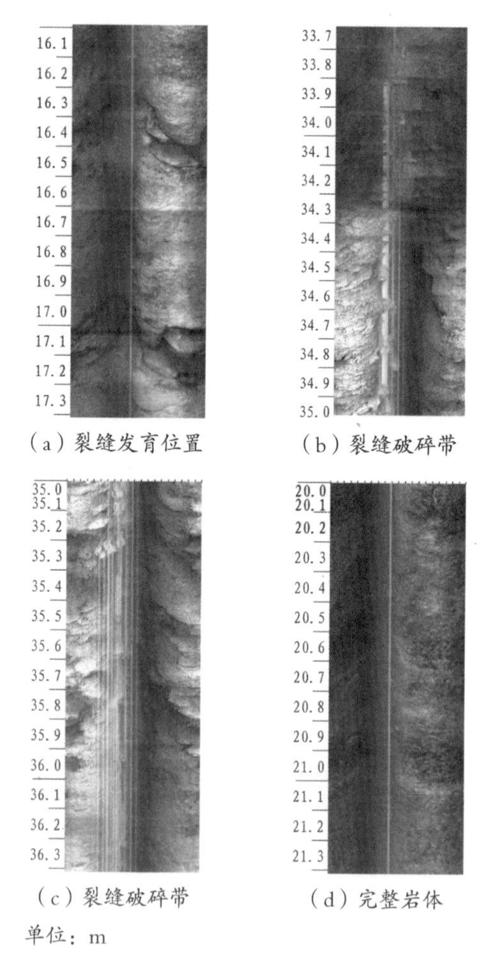

（a）裂缝发育位置　　（b）裂缝破碎带

（c）裂缝破碎带　　（d）完整岩体

单位：m

图9　板壁岩勘查孔内成像

三、基于跨孔 CT 物探技术的岸坡岩体劣化特征识别

1. 问题描述

岸坡岩体劣化是一个复杂的地质过程，涉及多种因素的相互作用，如物理、化学及力学机制等使得岩体劣化、强度下降。目前岩体的浅层劣化现象可通过一系列摄影测量技术进行观测和长期监测，但监测劣化导致岩体内部裂隙、空洞、软弱层等发生变化的手段较少。

2. 解决方法

跨孔 CT 物探技术通过在钻孔之间发射和接收波速物理信号，获取地下岩体的内部结构、物理性质等信息，进而揭示岩体劣化的内部特征和规律。

（1）仪器布置。先在勘探区布置 4 个钻孔，以钻孔为角点形成四边形（正方形或长方形效果较佳），4 条边可形成 4 个勘探剖面，规划发射孔和接收孔。

（2）开展测试。设置仪器参数，分别进行剖面勘探测试。

（3）数据处理。根据射线的稀疏程度及成像精度，将被测区域划分成若干规则的成像单元，运用适当的反演算法得到每个成像单元的声波CT速度值，然后再采用适当的平滑插值技术绘制出声波CT速度等值线图，也可采用色谱和像素表示波速图像。

（4）解译依据。弹性波（声波）CT测区内土层与基岩之间，破碎带、裂隙、空洞与完整基岩之间有较明显的波速差异，完整基岩声波速度在4400m/s以上，裂隙较发育段岩体声波速度一般在3600~4400m/s，岩体较破碎段岩体声波速度一般在3600m/s以下。

3. 应用效果

运用跨孔CT物探技术在三峡库区龙门寨危岩进行应用，如图10所示，得到如图11所示勘探剖面。根据物探反演得到每条剖面所在岩体的波速值，可通过这些数据初步解译该剖面的岩体破碎程度。如图 11 所示的剖面，深度 22.5~25m 段，岩体声波速度为 2500~3600m/s，岩体较破碎，裂隙倾角约 84°；深度 25~32.5m 段，岩体声波速度主要为 3200~4400m/s，岩体整体裂隙较发育，裂隙倾角约 85°，局部岩体声波速度在 4400m/s 以上，岩体较完整；深度 32.5~47.5m 段，岩体声波速度为 3000~4400m/s，靠近钻孔 ZK1 附近岩体裂隙较发育，裂隙发育范围往 ZK2 方向逐渐向深部延伸；该段岩体裂隙十分发育，岩体较破碎，裂隙倾角约 84°；深度 47.5~52.5m 段，岩体声波速度多在 4400m/s 以上，岩体较完整，在 ZK1、ZK2 钻孔附近局部有裂隙发育；深度 52.5~58.9m 段，ZK1–ZK2 剖面中部（水平距离 0.5~1.1m 段）岩体声波速度多在 4400m/s 以上，岩体较完整，在靠近钻孔区域岩体裂隙较发育，岩体较破碎，

图 10 跨孔 CT 物探技术应用

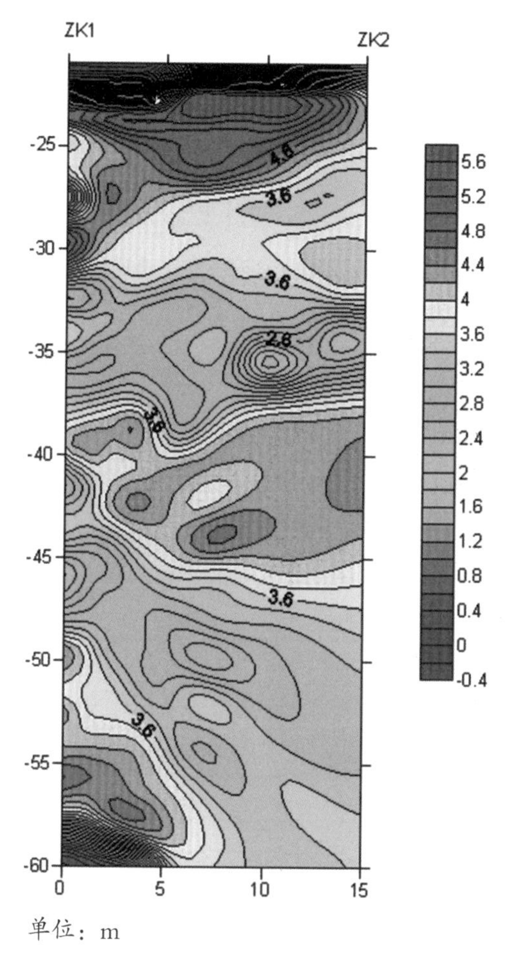

单位：m

图 11　ZK1–ZK2 剖面弹性波（声波）CT 成果图

裂隙倾角约 84°；深度 58.9~60m 段，裂隙倾角约 78°。

通过上述方法勘测得到 4 条剖面，可生成三维立体图像，设定岩体破碎阈值，将裂隙较发育区域、岩体破碎区域直观展现出来，如图 12 所示。

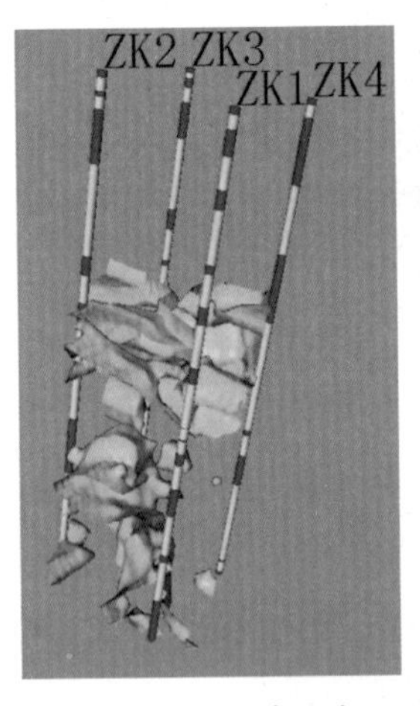

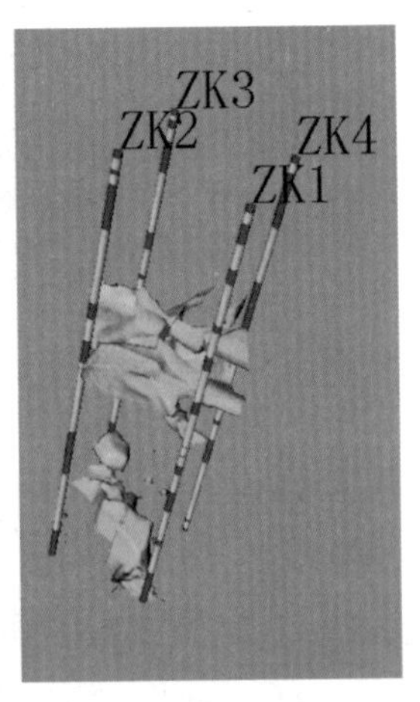

（a）裂隙较发育区域　　（b）岩体破碎区域

图 12　跨孔 CT 三维成像

四、基于多波束传感器的岸坡水下地形探测

1. 问题描述

高陡峡谷区的岸坡地段受水位影响，部分地质灾害的前缘或基座位于水位以下，一些地质灾害体的控灾关键部位也位于水位以下，在调查过程中需要探明这些部位的形态特征。而常规的摄影测量技术只能表征水位以上的坡体形态，无法获取坡体水下部分的形态特征。

2. 解决方法

多波束传感器技术作为一种先进的水下地形探测技术，具有高精度、高分辨率、高效率等优点。它利用多个波束同时覆盖较宽的水域范围，通过接收和处理这些波束反射回来的信号，获取水下地形的高精度三维数据，从而实现岸坡水下地形探测。其主要操作步骤如下。

（1）设备准备与检查。准备多波束测深系统，包括多波束传感器、数据采集单元、导航定位设

备等。检查设备的完好性，确保传感器、线缆、接口等无损坏，电源充足。进行设备校准，确保多波束传感器的精度和稳定性。

（2）安装与调试。将多波束传感器安装在测量船上，确保传感器固定稳固，方向正确。连接传感器与数据采集单元，并进行必要的通信测试。根据实际情况调整传感器的参数，如波束角、发射频率等。

（3）导航定位。使用导航定位设备如 GPS、RTK 等确定测量船的实时位置。根据测量需求，规划测量路径，确保覆盖整个岸坡水下地形区域。

（4）数据采集。启动多波束测深系统，开始数据采集。测量船按照规划路径行驶，多波束传感器发射声波并接收回波信号。数据采集单元记录每个波束的回波数据，包括时间、位置、深度等信息。

（5）数据处理与分析。将采集到的原始数据进行预处理，包括滤波、去噪等，提高数据质量。根据多波束原理，对处理后的数据进行波束形成、地形建模等处理。利用地形建模结果，生成岸坡水下地形的三维图像或等高线图。

（6）结果解译与应用。根据生成的地形图像或等高线图，分析岸坡水下地形的形态、结构、坡度等特征。结合岸坡水面以上地质、水文等调查情况，可识别潜在的地质灾害隐患，评估岸坡的风险性。

3. 应用效果

多波束探测技术在三峡库区岸坡水下特征识别中的应用效果显著，已成为一种重要的水下地形探测手段。以重庆市巫山县板壁岩危岩水下探测为例，勘查区内危岩及陡崖直接受库区水位的影响，陡崖底部高程为 88~110m，位于三峡库区最低库水位 145m 以下，采用传统的勘查手段无法查清长期淹没于库水位下的陡崖及河谷形态，故在此次勘查中作者团队引用多波束水下测量对该勘查区内水下地形进行扫描，以便能较准确地探查出水下陡崖形态及危岩下部凹岩腔的发育情况。如图 13 所示，采用多波束水下测量的测深系统，实现了测深数据自动化和外业实时自动绘图的功能，提供直观的水下地形地貌特征。

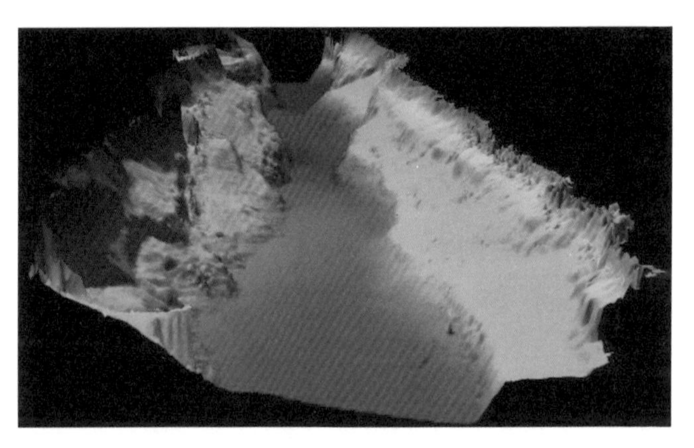

图 13　板壁岩水下多波束扫描图像

第三讲

原位测试与室内试验

原位测试与室内试验是高陡峡谷区地质灾害调勘查中不可或缺的研究手段，它们为评估岩体物理力学性质、模拟地质灾害演化过程提供了重要途径。本讲将重点介绍岸坡劣化带岩体强度回弹测试、干湿循环下岩石质量劣化测试、基于 CT 扫描的岩体劣化裂隙扩展试验以及地质灾害物理模型模拟试验等关键技术方法。

一、岸坡劣化带岩体强度回弹测试

1. 问题描述

消落区岩体劣化带是岸坡地质环境中最易发生失稳和破坏的区域，这些区域在长期水位变动影响下存在岩体结构破坏、强度降低等问题，对岸坡的整体稳定性构成严重威胁。调查人员为了评估消落区与非消落区的岩体强度差异，常常需要对两个区域的岩体强度进行对比调查。常用的方法是取样进行室内试验，但为了能在现场快速获得对比结果，就需要一种在现场能快速测试岩体强度的方法，便于调查人员较准确地得到岩体的强度特征。

2. 解决方法

岩体强度回弹测试是一种直接且便捷的原位测试手段。通过回弹测试，可以获取岩体的回弹值，进而分析岩体的强度特征。回弹值与岩体质量呈正相关，回弹值越高，说明岩体强度越高。其主要操作步骤如下。

（1）测区定位。在待测岸坡选择平整且干净的岩面作为一个测区。

（2）开展测试。采用数显回弹仪对消落区和非消落区岩体分别进行现场回弹试验，或对同一区域开展长时序的测试。

（3）数据处理。每个测区布置多个测点，可去掉最大值和最小值，取剩下回弹值的平均值，保证数据具有代表性。

3. 应用效果

应用回弹测试在三峡库区开展了大量试验。以三峡库区黄南背段、瞿塘峡段和箭穿洞段为例，进行消落区和非消落区强度回弹测试数据对比，如图 14 所示。在经历 11 个库水位升降周期后（2010—2021 年），库水位变动带岩体表层强度降低分别为 11.15%、18.33% 和 24.81%，年均降低率分别为 1.01%、1.67% 和 2.26%。

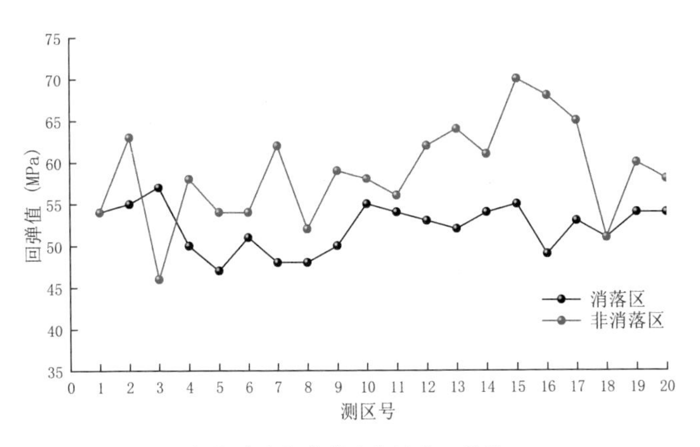

（a）黄南背库岸岩体强度回弹值

图 14　不同区域岩体强度回弹值

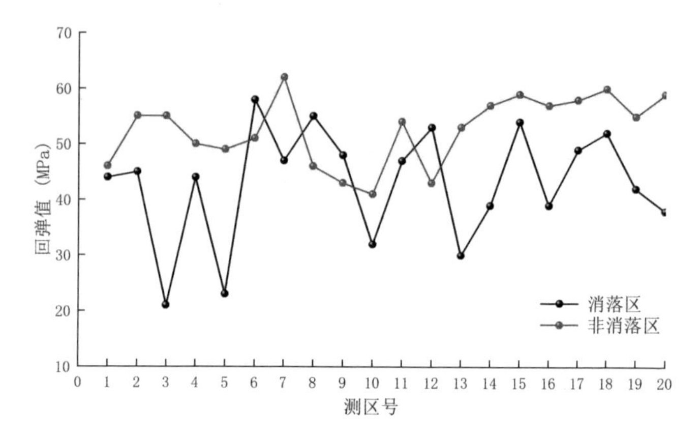

（b）瞿塘峡库岸岩体强度回弹值

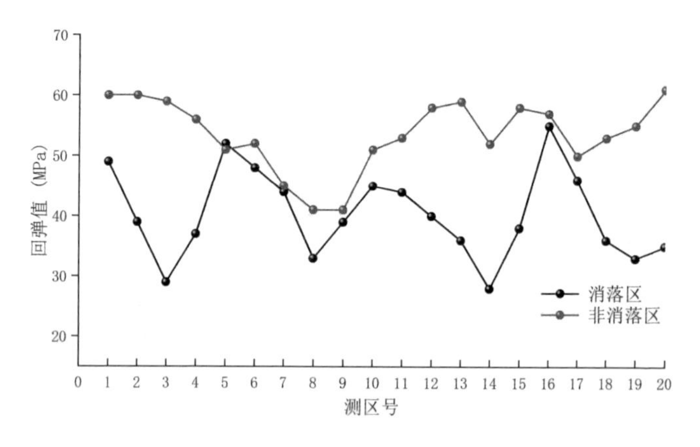

（c）箭穿洞库岸岩体强度回弹值

图 14　不同区域岩体强度回弹值（续）

箭穿洞岩体强度回弹值变化幅值相对较大，其年均降低率是黄南背的 2.24 倍，是瞿塘峡的 1.35 倍，说明箭穿洞岸坡的劣化程度较高、劣化速率较快。结合地质调查可知，黄南背岸坡和瞿塘峡岸坡岩性以灰岩为主；箭穿洞岸坡岩性以三叠系大冶组泥质条带灰岩为主；黄南背岸坡和瞿塘峡岸坡岩体劣化现象以裂隙扩展与新生和溶蚀 / 潜蚀为主。除以上岩性之外，箭穿洞岸坡岩体还有机械侵蚀，劣化形式更为多样，泥质灰岩的水岩作用更为明显。

二、干湿循环下岩石质量劣化测试

1. 问题描述

在三峡库区进行岩体劣化强度长期研究过程中，需要分析岩体强度变化的规律，若每年到现场开展原位测试，成本较高，且耗时长。同时为了预测多年后岩体强度的变化情况，还需要还原岩体所处的环境变化。因此需要一种能模拟真实环境且成本相对较低、操作便捷的试验方法。

2. 解决方法

干湿循环即岩石在湿润和干燥状态之间的交替变化，可模拟消落区岩体在真实环境中的状态。开展岩石的干湿循环室内试验，观察干湿循环状态下岩块波速的降低情况，并在干湿循环前后开展岩石的单轴压缩试验和变形试验，进一步揭示岩石的强度变化规律。其主要测试步骤如下。

（1）制作岩样。加工制作标准岩样（ϕ=50mm，h=100mm），为避免试样差别较大产生离散性，采用声波测试选样。舍弃部分外观上具备较多溶隙、溶孔、节理、充填的试样；选择纹理纹路相近的样品进行岩石波速测试，统计样品波速集中的区间；根据波速相对集中的区间，确定最终所选择的样品；将选择的样品按波速相近原则选出并进行分组编号。

（2）开展试验。根据岩样分组，可开展干湿循环试验、抗压强度、变形等测试。试样浸泡达到饱和状态，再进行烘干达到干燥状态，将从饱和到干燥 1 个完整的循环，称为 1 次干湿循环。可在 0（初始岩块）、5、10、15、20、30、35、40、45、50 次干湿循环后分别开展波速测试，以观察在干湿循环状态下岩块波速的降低情况。在第 50 次循环扫描完毕后进行单轴压缩试验和变形试验，对比初始岩样的强度，以获取岩石的强度劣化情况。

3. 应用效果

将该试验方法应用于三峡库区青石岸坡，按照试验步骤，开展干湿循环下岩石的室内试验。试验表明干湿循环前后，岩石的声波波速、强度等呈现出一定的下降，如图 15 所示，为研究真实环境下岩体强度的变化规律提供了数据支撑。

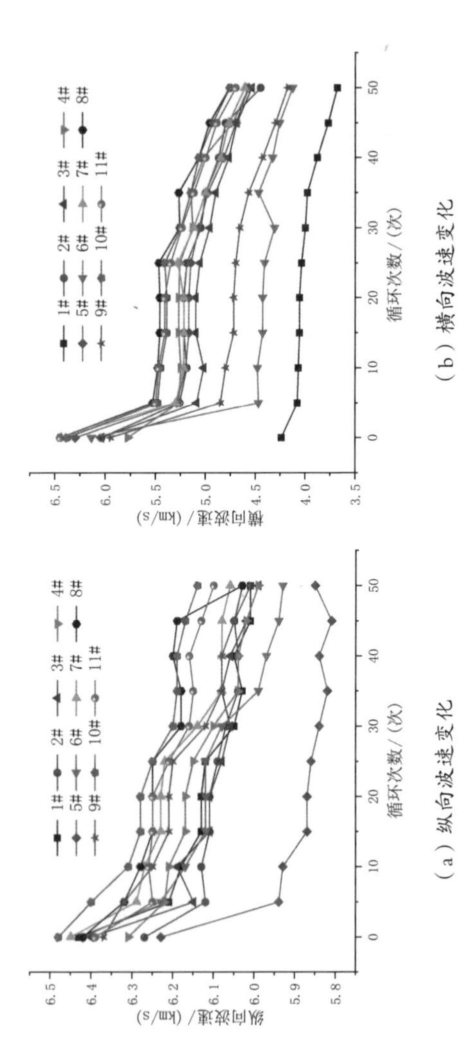

图 15 干湿循环试验裂隙岩体波速变化

三、基于 CT 扫描的岩体劣化裂隙扩展试验

1. 问题描述

岩体劣化是一个复杂的过程，涉及物理、化学和力学等多方面的作用。在自然环境或工程应用中，岩体往往受到温度、湿度、应力等多种因素的影响，导致其内部结构发生变化，进而产生劣化现象。这些劣化过程往往伴随着裂隙的产生和扩展，对岩体的整体性能产生显著影响。为研究这一复杂的过程，需要观测岩体中裂隙产生和扩展的过程，但在自然环境下很难获取。

2. 解决方法

（1）制作标准圆柱体岩样（ϕ=50mm，h=100mm）作为试验试件（图 16）。

（2）配置合理 pH 值的草酸溶液来加快溶蚀作用的速率，用以模拟长期劣化的水环境。

（3）采用高精度三维显微镜（CT 扫描技术）和压力试验系统完成多组试验。进而分析得到在

渗流和围压条件下，裂隙的扩张演化规律。

图 16 试验岩样

3. 应用效果

基于 CT 扫描技术可生成岩石三维重构图，对比分析在酸化、受压等环境下，岩石劣化过程中裂隙的细观演化和微观破坏特征。

以三峡库区剪刀峰岸坡灰岩岩体作为研究对象，在酸化、第一次压力和第二次压力试验后，岩样质量呈减小趋势，如图 17 所示，说明溶蚀作用、外力破坏是质量减小的影响因素。在库区消落带实际环境中，地下水和地表水具有典型的化学侵蚀作用，易发生溶蚀/潜蚀劣化现象。同时，水流动力作用也会产生机械侵蚀劣化现象。

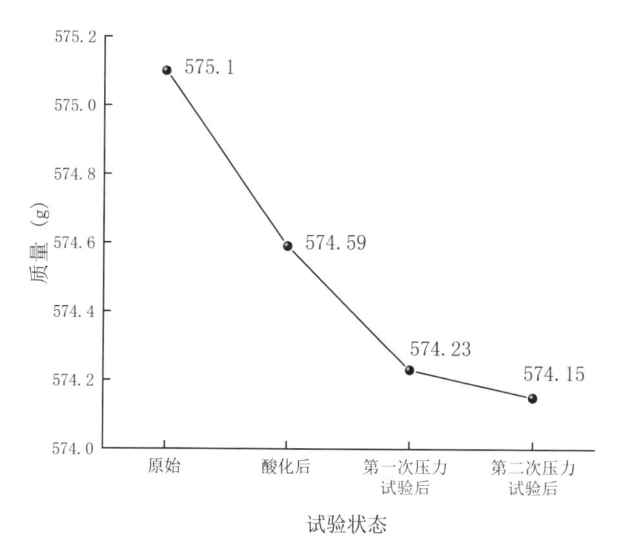

图 17　岩样试验前后质量变化折线图

由岩样溶蚀前后 CT 扫描三维重构图（图 18）可知，溶蚀前后裂隙的体积发生了变化，在岩石表面尤为明显，如图 18 红色标注处所示，说明酸溶液与岩样接触表面积较大的位置溶蚀作用更为明显。

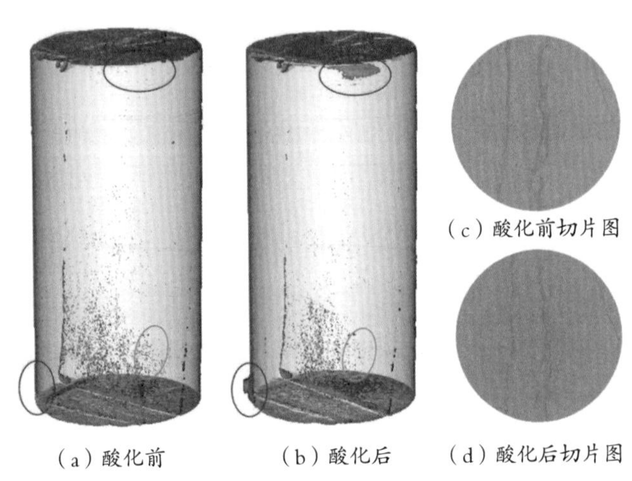

图 18 酸化试验前后裂隙形态对比图

第二次压力试验后岩石内部孔隙明显增多，且分布较均匀，如图 19a、b 红色标注处所示，说明在持续应力作用下，裂隙结构面发生剪切型破坏，导致裂隙结构面扩展延伸，使得裂隙显化进一步加大，如图 19c、d 所示。同时，在应力作用过程中，随着已有裂隙的扩展作用，破坏岩桥向四周扩展并逐渐贯通，形成一系列新生裂隙。

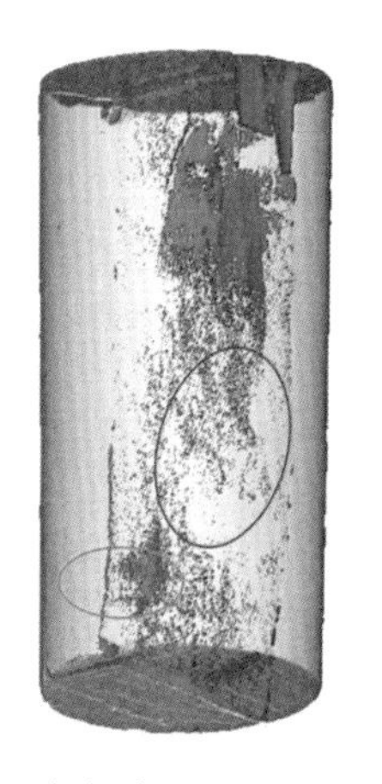

（a）第一次压力试验后

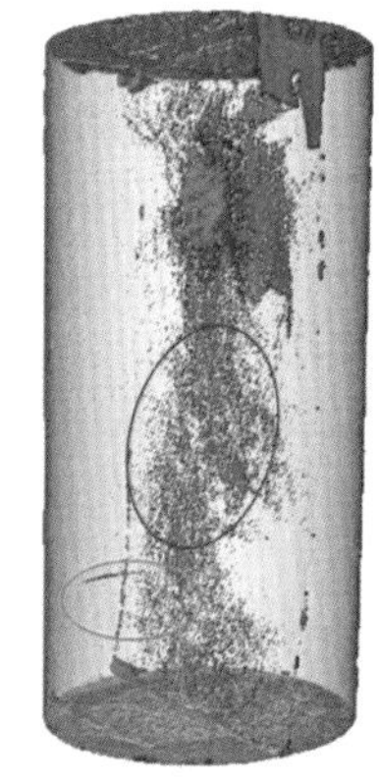

（b）第二次压力试验后

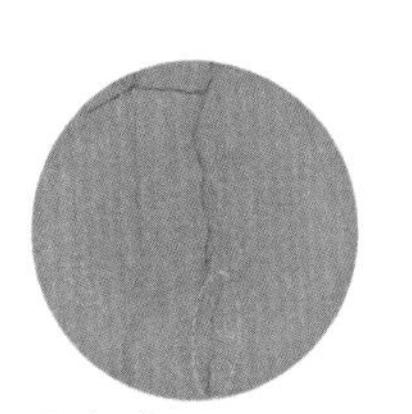

（c）第一次压力试验后

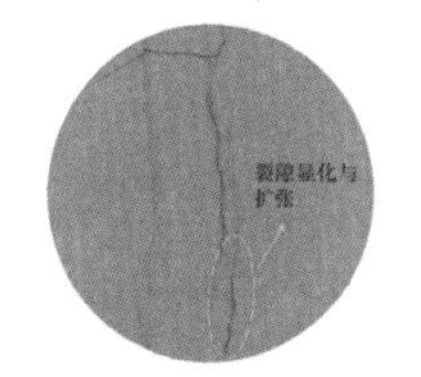

（d）第二次压力试验后

图 19　第二次压力试验前后裂隙形态对比图

四、地质灾害物理模型模拟试验

1. 问题描述

为研究地质灾害的形成机制和演化规律，工作人员往往通过调勘查工作获取地质灾害的特征信息，并对已发生的地质灾害进行复盘分析，对未发生的地质灾害进行预测分析，但都无法直观地反映灾害发生的全过程，也无法获取灾害发生过程中各项数据参数。

2. 解决方法

物理模型模拟试验可以模拟地质灾害发生时的内在地质条件和外部环境因素，通过传感器获得灾害发生过程中的各类参数，为研究者提供直观、可靠的信息。其试验步骤方法如下。

（1）选取岩体的相似材料。选择合理的相似材料是准确开展物理模型模拟试验的重要环节，根据现实原型的材料及物理参数确定相似材料的原料和配比，是确保物理模型模拟试验结果准确性的重要前提。目前，地质力学模型大多采用石膏粉、石英砂、水泥、重晶石粉、松香、酒精、铁粉、砂浆、甘油和水等作为相似材料来模拟自然界中不同类型的岩体。材料选取原则为取材方便、造价低廉、便于实际加工和制作、受环境因素影响较小。相似材料的选择需统筹兼顾，多方面考虑所有可能影响试验结果准确性的因素，力求将不利因素减到最小。

（2）确定试验配比。选取相似岩体材料后，开展不同配比的相似材料剪切试验，获取相似材料最优配比，使模型的力学性质更好地符合实际情况。

（3）建立模型。按照几何相似原理，将实际地质灾害体按比例缩小，采用满足试验需求的相似材料在试验槽内进行模型制作。模型建立原则为：满足几何相似，即满足原型和模型的外形相似，对应夹角和坡度相等，对应的长、宽、高成比例；满足材料相似，即地质灾害体与相似材料需满足质量相似和物理力学特性相似。除此之外，应满足边界条件、外力荷载和水文环境相似等，使试验模型更加接近实际情况。

（4）模型试验。采用土压力传感器、孔隙水压力传感器、数据采集仪、高清摄像机、计时器等多源传感器，记录试验相关参数。模拟不同工况条件，如地震、强降雨、水位变化等，分别开展物理模型试验，进而预测分析地质灾害失稳破坏过程。

3. 应用效果

运用物理模型试验方法，建立了三峡库区箭穿洞 3 号危岩物理模型，模拟了库水位升降循环条件下危岩变形破坏的过程，如图 20 所示。通过试验过程的影像资料和应力、位移监测数据，分析得出了该危岩的变形破坏模式，揭示了该危岩的破坏过程：未蓄水时基座没有遭受破坏，此时危岩较为稳定；当水位开始波动循环后，基座在水的淘蚀作用和自重作用下，出现较多压裂裂隙和溶蚀孔洞；随着水位循环次数的增加，基座处裂隙延伸至岩体上部，造成溶洞顶板破裂和局部岩体崩塌，进而引发危岩崩塌。

（a）第一次水位循环

（b）第二次水位循环

（c）第三次水位循环

（d）第四次水位循环

（e）破坏图像

（f）破坏图像

图 20　地质灾害物理模型模拟试验

第四讲

调勘查辅助技术

由于高陡峡谷区复杂的地形环境，在地质灾害调勘查工作中，往往需要借助一些辅助装置或技术方法，为复杂地形和艰险环境下的调勘查工作提供有效的技术支持。本讲将围绕 SRT 单绳升降技术、勘测无人机安全升降稳定装置以及钻探施工架装置等关键技术应用展开探讨。这些技术方法的应用将有助于提高地质调查工作的效率和安全性，为地质工程的顺利开展提供有力支持。

一、基于 SRT 单绳升降技术的调查方法

1. 问题描述

高陡峡谷区地形陡峭，山高谷深，地质工程师需要在陡峭的岸坡和狭窄的河谷中进行调查，面临较大的安全风险。同时，高陡峡谷区复杂的地形和地貌特点使得调查人员难以从远处观察地质灾害，部分调查工作需要到陡峭的崖壁近距离调查灾害点的特征，这就增加了调查的难度和安

全风险。

2. 解决方法

运用 SRT 单绳升降技术对高陡峡谷区地质灾害进行追索调查，可以提高调查效率、降低调查地质工程师的安全风险。运用 SRT 单绳升降技术开展调查工作主要分为以下几个步骤。

（1）前期准备。准备必要的 SRT 单绳升降技术设备和工具，包括攀登绳、腹式上升器、脚蹬、锁具等。

（2）设置绳索系统。选择合适的起点和终点，安装固定锚点。左手顺势装上攀登绳，并确保绳索牢固可靠。右手关上腹式上升器，并检查其是否工作正常。

（3）进行绳索技术定位。延续上绳动作，确保身体与绳索系统稳定连接。将身体重心置于绳索下，保持稳定。左手向上伸直抓紧攀登绳，轻跳的同时右手收紧绳索，确保自身安全定位。

（4）实地危岩调查。使用 SRT 单绳升降技术，沿绳索系统移动至危岩区域。实地观察和测量危岩的几何形态、结构面产状等特征。记录危岩的现场特征，包括高度、长度、宽度等几何参数，以及岩石结构、裂缝、节理等特征。

3. 应用效果

运用 SRT 单绳升降技术在三峡库区危岩地质灾害调查中开展了大量工作。例如，三峡库区板壁岩危岩地处巫峡高陡峡谷区，卸荷裂缝沿陡崖顶部延伸至长江水面，位于悬崖中上部的裂缝地质调查难度较大。调查人员进行 SRT 单绳升降操作技能培训之后，运用 SRT 单绳升降技术对板壁岩危岩卸荷带进行追索调查，如图 21 所示，查明了危岩卸荷带的基本特征、裂缝延伸长度、张开度、裂缝间的充填物等，解决了调查人员难以安全到达崖壁开展工作的难题。

（a）陡崖攀爬

（b）岩壁裂缝调查

图 21　运用 SRT 单绳升降技术调查岩壁裂缝

二、高陡峡谷区勘测无人机安全升降稳定装置

1. 问题描述

在高陡峡谷区勘测任务中，无人机发挥着至关重要的作用，它们能够高效、精准地完成地形测绘、倾斜摄影、贴近摄影等工作。然而，峡谷区的特殊地形条件如陡峭的崖壁、狭窄的空间、多变的气候，给无人机的升空和降落带来了极大

的挑战。

常规的解决方法是在航测现场找到可平稳停靠的起飞降落位置，但这种方法在野外环境复杂、植被茂密的峡谷区很难实现。由于无合适的起降位置，无人机可能需要飞行更远的距离进行起降，消耗过多的电量，在返航过程中也增加了失控风险。

2. 解决方法

为此，作者团队设计了一种高陡峡谷区勘测无人机安全升降稳定装置，该装置由停机平台、三脚架和多个辅助支撑伸缩杆组成。组装便捷，便于野外调查携带，并且可以在陡坡及植被较为茂盛的斜坡山体上进行安全稳定的航测无人机起飞及降落。停机平台可拆卸连接在三脚架上，三脚架的顶部设有上开口的底座连接盒，停机平台的底侧竖向设有用于与底座连接盒卡接限位的卡扣。每个辅助支撑伸缩杆均避开三脚架的支腿，配备能够锁定其伸缩长度的锁定装置。伸缩杆的顶部设有卡爪，卡爪至少包括两个竖向设置的爪部。停机平台边缘对应卡爪的爪部设有一组插孔。

3. 应用效果

如图 22 所示，勘测无人机安全升降稳定装置在三峡库区危岩地质灾害调查、库区消落带岩体劣化调查工作中广泛应用，在峡谷区 30°~40°

图 22　勘测无人机安全升降稳定装置

坡度的地段均可搭设，可确保无人机的安全起降。运用该装置显著提高了无人机在峡谷区勘测时的操作安全性，提升了无人机在峡谷区勘测时的工作效率，降低了无人机工作中的安全风险。

三、高陡峡谷区岸坡的钻探施工架装置

1. 问题描述

为了查明高陡峡谷区的坡体结构或地质灾害发育情况，在开展调勘查工作中常用到钻探的工作方法。施工过程中钻机需搭设在平整稳定的场地上，但在高陡峡谷区坡度较陡，大多是40°~60° 的陡坡，局部可能是直立的陡崖，常规钻机平台搭设方法在这些区域无法使用。因此，需要找到一种可以在陡坡区域搭设钻机平台的装置和方法。

2. 解决方法

为攻克无施工平台、高风险、库水位上涨等

施工难关，作者团队专门设计了一种用于高陡峡谷区岸坡的钻探施工架，该装置由防落石安全引导网、落石防护顶棚、施工区、攀爬区和支撑架组成，如图 23 所示。防落石安全引导网设置在支撑架上，防止施工过程中周边的落石打击；落石防护顶棚设置在施工区的上方，沿着斜向下的方向向前延伸，用于防止施工上方的落石掉入施工区；施工区位于落石防护顶棚和攀爬区之间，是主要的施工作业平台；攀爬区由岸坡水位线沿着岸坡向上设置，直接连接施工区，可搭设在支撑架的任一侧，是施工人员和机具设备到达施工区的通道；施工区的下方设置有支撑架，增强施工区的稳定性。

3. 应用效果

钻探施工架在三峡库区剪刀峰、板壁岩、青石岸坡等危岩地质灾害的调勘查中得到成功应用，如图 24 所示。该装置的使用为钻探施工提供了平整稳定的作业平台，搭设的安全防护网和顶棚也避免了落石对施工区的威胁，搭设的攀爬区为人员及设备搬运提供了便捷通道。

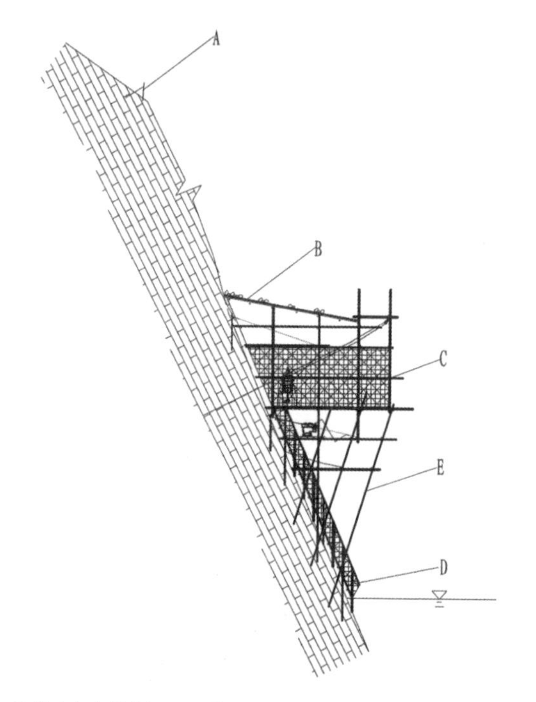

A. 防落石安全引导网；B. 落石防护顶棚；C. 施工区；D. 攀爬区；E. 支撑架

图 23 钻探施工架装置结构图

（a）施工架装配效果

（b）钻探施工

图 24　板壁岩岸坡钻探施工架应用

后 记

在这本关于高陡峡谷区地质灾害调勘查的著作完稿之际，我心中充满了感慨。回顾整个写作过程，仿佛是一场跨越山川峡谷、探寻自然奥秘的探险之旅。

我长期从事地质灾害防治与科学研究工作，常行走在高陡峡谷区地质灾害防治工程的一线，深感高陡峡谷区地质灾害调勘查工作的复杂性和挑战性。尤其是三峡库区地形险峻，气候条件恶劣，给调勘查工作带来了极大的困难。然而，正是这些困难激发了我们的探索精神，促使我们不断创新调勘查技术，提高调勘查精度。

在编写过程中，我得到了许多同行的支持和帮助。他们无私地分享了自己的经验和见解，为本书内容的丰富和完善提供了有力的支持。

地质灾害调勘查技术不仅是一门科学，更是一种责任和使命。我们肩负着保护人民生命财产安全的重任，必须不断提高调勘查技术水平，为地质灾害的预防和治理提供有力支持。

地质灾害调勘查技术的发展永无止境。尽管在本书中介绍了一些先进的技术和方法，但随着科技的进步和地质环境的变化，我们仍需不断探索和创新。我相信，在未来的日子里，我们将会有更多的突破和发现，为地质灾害调勘查事业贡献更多的力量。

最后，我要感谢每一位阅读这本书的读者。希望这本书能够为您在地质灾害调勘查工作中提供有益的参考和帮助。同时，也欢迎您提出宝贵的意见和建议，让我们共同推动地质灾害调勘查技术的发展和进步。

余姝

2024 年 5 月

图书在版编目（CIP）数据

余姝工作法：高陡峡谷区地质灾害调勘查 / 余姝著.
北京：中国工人出版社，2024. 6. -- ISBN 978-7-5008-8484-2

Ⅰ. P694

中国国家版本馆CIP数据核字第2024KL9850号

余姝工作法：高陡峡谷区地质灾害调勘查

出 版 人　董　宽
责任编辑　魏　可
责任校对　张　彦
责任印制　栾征宇
出版发行　中国工人出版社
地　　址　北京市东城区鼓楼外大街45号　邮编：100120
网　　址　http://www.wp-china.com
电　　话　（010）62005043（总编室）
　　　　　（010）62005039（印制管理中心）
　　　　　（010）62379038（职工教育编辑室）
发行热线　（010）82029051　62383056
经　　销　各地书店
印　　刷　北京市密东印刷有限公司
开　　本　787毫米×1092毫米　1/32
印　　张　3.125
字　　数　35千字
版　　次　2024年10月第1版　2024年10月第1次印刷
定　　价　28.00元

优秀技术工人百工百法丛书

第一辑 机械冶金建材卷

优秀技术工人百工百法丛书

第二辑　海员建设卷